Claudia Rosenkranz

Einfache Mathe-Geschichten: Geld

Handlungsorientierte Materialien zur Entwicklung basaler Größenvorstellungen

Claudia Rosenkranz studierte von 2003 bis 2007 das Lehramt für Sonderpädagogik mit den Förderschwerpunkten Lernen und Geistige Entwicklung sowie den Unterrichtsfächern Mathematik und Deutsch an der Technischen Universität Dortmund. Nach dem Vorbereitungsdienst unterrichtete sie ab dem Jahr 2009 als Klassenlehrerin an Förderschulen mit den Förderschwerpunkten Lernen und Sprache.

Wir verwenden in unseren Werken eine genderneutrale Sprache, damit sich alle gleichermaßen angesprochen fühlen. Wenn keine neutrale Formulierung möglich ist, nennen wir die weibliche und die männliche Form. In Fällen, in denen wir aufgrund einer besseren Lesbarkeit nur ein Geschlecht nennen können, achten wir darauf, den unterschiedlichen Geschlechtsidentitäten gleichermaßen gerecht zu werden.

2. Auflage 2025

AAP Lehrerwelt GmbH
Veritaskai 3
21079 Hamburg
Telefon: +49 (0) 40325083-040
E-Mail: info@lehrerwelt.de
Geschäftsführung: Andrea Fischer, Sandra Saghbazarian
USt-ID: DE 173 77 61 42
Register: AG Hamburg HRB/126335

Autorschaft:	Claudia Rosenkranz
Covergestaltung:	TSA&B Werbeagentur GmbH, Hamburg
Illustrationen:	Manuela Ostadal, Julia Flasche (Erdbeere S. 80, Piktogramme schneiden, Zahlen schreiben, verbinden, malen, zeichnen, Strich zeichnen, vergleichen, einkreisen, legen, schreiben), Ari Plikat (Geldbörse S. 58, 61, 64, 69, 71, 73)
Satz:	Satzpunkt Ursula Ewert GmbH, Bayreuth
Druck und Bindung:	SDK Systemdruck GmbH, Köln

ISBN/Bestellnummer: 978-3-403-23670-2
www.persen.de

Inhaltsverzeichnis

Einleitung

Das Thema „Geld“ hat eine hohe Alltagsrelevanz. Es ist in Alltagssituationen präsent, z. B. beim Einkaufen, Bezahlen, Verkaufen oder bei der Abwicklung von Bankgeschäften. Kenntnisse zu diesem Thema sind für die Teilhabe am gesellschaftlichen Leben von großer Bedeutung. Beim Einkaufen und Bezahlen oder bei der Verwaltung des Taschengelds werden die Kinder mit der Größe Geld konfrontiert.
Das Konzept bietet den Schülerinnen und Schülern Möglichkeiten zum handlungsorientierten und aktiv – entdeckenden Lernen, dadurch, dass die Kinder die Geschichten im Bilderbuch nachspielen und sich dabei mit mathematischen Problemen auseinander setzen können. Eine Förderung der prozessbezogenen Kompetenzen (Argumentieren, Kommunizieren, Problemlösen) ist impliziert (vgl. Ministerium für Schule und Weiterbildung 2008, 57). Durch die differenzierten Lernangebote eignet sich das Konzept für den Einsatz in heterogenen Lerngruppen und für den inklusiven Unterricht.

Folgende Piktogramme kennzeichnen den Schwierigkeitsgrad:

 = leicht

 = mittlerer Schwierigkeitsgrad

 = hoher Schwierigkeitsgrad

Die Standortbestimmung

Die Unterrichtsreihe umfasst die Einheit null, in der die Standortbestimmung durchgeführt wird. Die Idee, eine solche Eingangsdiagnose in Bezug auf das Thema „Geld“ zu entwickeln und durchzuführen ist in Anlehnung an Nührenbörger (2005, 18ff) entstanden, der einen diagnostischen Vortest zum Thema „Längen“ entwickelt hat.
Im Rahmen einer Standortbestimmung bzw. Eingangsdiagnostik werden die Kompetenzen der Schülerinnen und Schüler zum Größenbereich Geld erhoben, bevor das Thema in einer Unterrichtsreihe systematisch behandelt wird. Es wird überprüft, welche Fähigkeiten und Kenntnisse die Kinder mitbringen, um auf diesen Kenntnissen aufbauen zu können und sie zu erweitern (vgl. Hengartner 1999, 15).
Die Standortbestimmung ist eine von jedem Kind der Lerngruppe zu bearbeitende schriftliche Aufgabensammlung, die den Schülerinnen und Schülern als „Rätselheft zum Euro“ präsentiert wird. Überprüft werden Kompetenzen, die im Laufe der Unterrichtsreihe gefordert und gefördert werden. Die Eingangsdiagnose kann als Gruppentest durchgeführt werden. Jedes Kind erhält ein Rätselheft. Für Kinder, deren Leseleistungen zu gering sind, sollten die Aufgabenstellungen vorgelesen werden. Es folgt die genaue Auswertung der Testergebnisse durch die Lehrperson. Für die Auswertung hilft ein *Diagnoseraster*.

Mathe-Geschichten: Auf den Spuren des Euro

Die Mathe-Geschichten tragen den Gesamttitel „Auf den Spuren des Euro“. Entsprechend der Anzahl der Unterrichtseinheiten gibt es sieben Mathe-Geschichten, die je einer Unterrichtseinheit zugeordnet sind. Zur Vorbereitung können die einzelnen Geschichten und Bilder kopiert, ausgeschnitten und auf je ein kreisrundes Pappstück ausgeschnitten werden. Mit einer Spiralbindung versehen, ergibt sich dann ein Bilderbuch, welches die Form eines Geldstücks hat. Die einzelnen Geschichten orientieren sich an der „klassische(n) Stufenfolge bei der Erarbeitung von Größen“ (vgl. Radatz et.al. 1999, 197f).
Die Mathe-Geschichten werden für den Unterrichtseinstieg in die jeweilige Unterrichtseinheit genutzt. Im Stuhlkreis kann die jeweilige Geschichte durch die Lehrperson oder durch ein Kind vorgelesen werden. Der Inhalt wird im gemeinsamen Gespräch mit den Kindern zusammengefasst und das Thema der Stunde benannt.
Die bildliche Darstellung ist einfach gehalten und konzentriert sich auf die mathematische Problemdarstellung, so dass diese für die Schülerinnen und Schüler leicht ersichtlich wird. Für Kinder, die noch am Beginn des Schriftspracherwerbs stehen, bietet sich die Möglichkeit, den Inhalt der Geschichte durch Orientierung am Bild nachvollziehen zu können.
Die Kinder werden in jeder Situationsdarstellung dazu aufgefordert, bei der Lösung des in der jeweiligen Geschichte genannten Problems zu helfen. Die Situation kann dann in der Erarbeitungsphase nachgestellt bzw. gespielt werden. Die Kinder lernen durch Auseinandersetzung den neuen Lerninhalt kennen. Es bieten sich also durch die Arbeit mit dem Bilderbuch Möglichkeiten der Sprachförderung (kommunikativ – pragmatischer Bereich: Erzählen zu Bildern/Texten; szenische Darstellung der Situationsbilder).

Die Unterrichtseinheiten

Die Unterrichtseinheiten eins bis sieben können mehrere Unterrichtsstunden umfassen.
Die Kinder lernen hier die mathematischen Aspekte des Größenbereichs Geld kennen. Der Aufbau der Unterrichtsreihe bzw. die Abfolge der einzelnen Unterrichtseinheiten orientiert sich an der „klassische(n) Stufenfolge zur Erarbeitung von Größen“ (vgl. Radatz et. al. 1999, 197f). Dazu gehört, dass die Kinder die Geldscheine und Münzen mit ihrem jeweiligen Geldbetrag und Aussehen kennen lernen. Sie stellen Merkmale der Scheine und Münzen fest, malen sie in den richtigen Farben an und benennen sie mit dem jeweiligen Geldbetrag. Als nächstes sollen die Schülerinnen und Schüler Geldbeträge direkt miteinander, nach dem Prinzip mehr – weniger – gleich viel, vergleichen. Es können je zwei Münzen bzw. Geldscheine oder Kombinationen mehrerer Geldscheine und/oder Münzen verglichen werden. Als nächste Kompetenzstufe werden die standardisierten Maßeinheiten Cent (ct) und Euro (€) eingeführt. Die Schülerinnen und Schüler sollen Geldbeträge in diesen Einheitsbereichen legen, zählen und wechseln. Es folgt die Fähigkeit, mit ganzzahligen Geldbeträgen Additions- und Subtraktionsaufgaben durchzuführen. Die Übungen werden in Situationen zum Kaufen einzelner oder mehrerer Gegenstände, zum Bezahlen und zum Ausgeben des Rückgeldes durchgeführt (vgl. Radatz et. al. 1999, 197f). Differenzierungsmöglichkeiten bieten sich hier in der Preishöhe der einzelnen Waren und in der Anzahl der zu kaufenden Waren in der Rolle des Käufers. In der Rolle des Verkäufers kann hinsichtlich des Wechseln des Geldes bzw. der Ausgabe von Rückgeld differenziert werden.

Konzeption

Die Unterrichtsreihe kann wie folgt aufgebaut werden:

UE	Thema	Verlaufsplan	Ziel der Unterrichtseinheit	Medien
0	**Wir machen uns start-klar!**		**... im Fach Mathematik:** Die Schüler zeigen ihre Kompetenzen im Bezug auf das Thema „Geld" und bearbeiten die Eingangsdiagnostik	Eingangsdiagnostik zur UE 0 / Das Rätselheft zum Euro und Diagnose-raster zur Ein-gangsdiagnostik
1	**Der Geld-strauß**	**Hinführung:** Den Schülern wird das Bilderbuch präsentiert. Die Geschichte „Der Geldstrauß" wird gelesen und besprochen (Erschließung des Themas und Ziels der Stunde; Fragen: Welche verschiedenen Scheine seht ihr? Welche davon habt ihr schon einmal gesehen? Wie viele Scheine gibt es?) **Erarbeitung:** Die Schüler sollen die Scheine kennenlernen und den Wert bestimmen (Zuordnungsspiel: Geldschein und symbolisch notierter Geldbetrag) **Durchführung:** Schüler führen Arbeitsaufträge zum kennenlernen der Euroscheine durch **Reflexion:** Eurofußball zur Bestimmung von Euroscheinen (Schüler werden in zwei Mannschaften aufgeteilt; Geldschein wird von der Lehrkraft hochgehalten – Mannschaft muss Betrag nennen; Mannschaft, die die meisten richtigen Antworten = Tore erzielt, hat gewonnen)	**... im Fach Mathematik:** Die Schüler kennen die Währung Euro (Scheine), das heißt, sie erfahren das Aussehen und den Geldbetrag der Scheine und führen Zuordnungen von Geldbetrag und Schein durch.	Bilderbuch, Spiel-geld, Arbeitsblätter zur UE 1
2	**Toms Spar-schwein**	**Hinführung:** Die Geschichte „Toms Sparschwein" wird gelesen und besprochen (Erschließung des Themas und Ziels der Stunde; Fragen: Welche verschiedenen Münzen seht ihr? Welche davon habt ihr schon einmal gesehen? Wie viele Münzen gibt es? Wie viel Euro kostet ein neuer Ball? Habt ihr auch ein Sparschwein? Wie viel Geld ist darin?) **Erarbeitung:** Die Schüler sollen die Münzen und Scheine kennen lernen und den Wert bestimmen. (Zuordnungsspiel: Geldmünze und notierter Geldbetrag) **Durchführung:** Schüler führen Arbeitsaufträge zum Kennenlernen der Euromünzen durch. **Reflexion:** Quiz zur Bestimmung von Euromünzen (Geldmünze wird von der Lehrkraft hochgehalten – Schüler müssen Betrag nennen.)	**... im Fach Mathematik:** Die Schüler kennen die Währung Euro (Münzen), das heißt, sie erfahren das Aussehen und den Geldbetrag der Münzen und nehmen Zuordnungen von Geldbetrag und Münze vor.	Bilderbuch, Spiel-geld, Arbeitsblätter zur UE 2
3	**Wer hat das meiste Geld?**	**Hinführung:** Die Geschichte „Wer hat das meiste Geld?" wird gelesen und besprochen (Erschließung des Themas und Ziels der Stunde; Fragen: Wie viel Euro hat Ahmet, wie viel hat Tom, wie viel hat Mila? Wer hat am meisten?) **Erarbeitung:** Die Schüler sollen die Geschichte nachstellen, d. h. die verschiedenen Geldbeträge legen und vergleichen. **Durchführung:** Die Schüler vergleichen Geldbeträge direkt und bearbeiten die Arbeitsaufträge. **Reflexion:** Kartenspiel (2 Kinder decken eine Karte mit einem bildlich dargestellten/symbolisch notierten Geldbetrag auf, wer den größeren Betrag hat bekommt die Karte; wer die meisten Karten hat, hat gewonnen)	**... im Fach Mathematik:** Die Schüler vergleichen Geldbeträge direkt miteinander, das heißt, sie bestimmen die jeweiligen Geldbeträge und setzen sie in ein Verhältnis (kleiner, größer, gleich).	Bilderbuch, Spiel-geld, Arbeitsblätter zur UE 3, Karten-spiel: Spielgeld Abbildung bzw. symbolisch notierter Geldbetrag auf Karten

Konzeption

UE	Thema	Verlaufsplan	Ziel der Unterrichtseinheit	Medien
4	**Ein Besuch beim Kiosk**	**Hinführung:** Die Geschichte „Ein Besuch beim Kiosk" wird gelesen und besprochen (Erschließung des Themas und Ziels der Stunde; Fragen: Was kann man am Kiosk kaufen? Wie viel Cent kosten die einzelnen Süßigkeiten? Was können die Kinder für 90 Cent kaufen? Hast du schon einmal etwas an einem Kiosk gekauft? Was war es und wie teuer war es?) **Erarbeitung:** Die Schüler sollen die Geschichte (Kaufsituation am Kiosk) nachspielen **Durchführung:** Die Schüler üben den Umgang mit dem Cent und bearbeiten die Arbeitsaufträge **Reflexion:** Die Schüler bearbeiten exemplarisch eine Aufgabe zum Cent	**... im Fach Mathematik:** Die Schüler kennen den Cent und seine Repräsentanten und bestimmen bzw. legen Geldbeträge im Bereich des Cent.	Bilderbuch; Spielgeld, Süßigkeiten mit Preisschildern für das Nachspielen der Kaufsituation am Kiosk, Arbeitsblätter zur UE 4
5	**Auf dem Trödelmarkt**	**Hinführung:** Die Geschichte „Auf dem Trödelmarkt" wird gelesen und besprochen (Erschließung des Themas und Ziels der Stunde; Fragen: Was kann man auf dem Trödelmarkt kaufen? Wie viel Euro kosten die einzelnen Spielsachen? Welche Geldstücke könnte Ahmet abgeben, um 3 Euro zu bezahlen? Hast du schon einmal etwas auf einem Trödelmarkt gekauft? Was war es und wie teuer war es?) **Erarbeitung:** Die Schüler sollen die Geschichte (Kaufsituation auf dem Trödelmarkt) nachspielen. **Durchführung:** Die Schüler üben den Umgang mit dem Euro und bearbeiten die Arbeitsaufträge. **Reflexion:** Die Schüler bearbeiten exemplarisch eine Aufgabe der Arbeitsblätter zum Euro	**... im Fach Mathematik:** Die Schüler kennen den Euro und seine Repräsentanten und bestimmen bzw. legen Geldbeträge im Bereich des Euro.	Bilderbuch, Spielgeld, evtl. Spielsachen mit Preisschildern für das Nachspielen der Kaufsituation auf dem Trödelmarkt, Arbeitsblätter zur UE 5
6	**Milas Kaufladen**	**Hinführung:** Die Geschichte „Milas Kaufladen" wird gelesen und besprochen (Erschließung des Themas und Ziels der Stunde; Fragen: Wie viel Euro muss Tom bezahlen? Wenn Tom mit einem 5-Euro-Schein bezahlt, wie viel Euro bekommt er dann zurück? Hast du einen Kaufladen? Was kann man dort kaufen? Wie teuer sind die Sachen?) **Erarbeitung:** Die Schüler sollen die Geschichte (Kaufladenspiel) nachspielen. **Durchführung:** Die Schüler üben das Rechnen mit dem Euro und bearbeiten die Arbeitsaufträge. **Reflexion:** Die Schüler bearbeiten exemplarisch eine Aufgabe der Arbeitsblätter zum Rechnen mit dem Euro.	**... im Fach Mathematik:** Die Schüler führen Rechnungen im Bereich der Addition und Subtraktion mit ganzzahligen Maßzahlen zum Euro durch und bestimmen bzw. legen Geldbeträge.	Bilderbuch, Spielgeld, evtl. Spielsachen für das Nachstellen der Kaufsituation am Kaufladen, Arbeitsblätter zur UE 6
7	**Der Erdbeerkuchenstand**	**Hinführung:** Die Geschichte „Der Erdbeerkuchenstand" wird gelesen und besprochen (Erschließung des Themas und Ziels der Stunde; Fragen: Was wird verkauft? Wie teuer ist 1 Stück Erdbeerkuchen? Wie viel Euro bekommt Frau Meier zurück?) **Erarbeitung:** Die Schüler spielen die Geschichte (Erdbeerkuchenverkauf) nach. **Durchführung:** Die Schüler sollen den Kuchenverkauf selbst durchführen. **Reflexion:** Die Schüler zählen ihre Einnahmen.	**... im Fach Mathematik:** Die Schüler führen integrierte Übungen zum Euro und Cent durch, bestimmen bzw. legen Geldbeträge, wechseln Geld und addieren und subtrahieren Geldbeträge.	Bilderbuch, Spielgeld, Arbeitsblätter und Materialien zur UE 7

Die Arbeitsaufträge

Die Arbeitsaufträge sind für eine heterogene Lerngruppe quantitativ, das heißt im Umfang und qualitativ, das heißt in der Art der Bearbeitung differenziert. Je nach Schwierigkeit sind die Aufgaben absteigend mit drei, zwei bzw. einem Stern gekennzeichnet. Bei den Rollenspielen gibt es für alle drei Differenzierungsstufen ein Arbeitsblatt. Hier erfolgt die Differenzierung in der Rolle des Käufers hinsichtlich der Anzahl der zu kaufenden Waren und der Preishöhe der einzelnen Süßigkeiten. Auf Seiten des Verkäufers erfolgt die Differenzierung hinsichtlich des Wechseln von Geldes bzw. der Ausgabe von Rückgeld.
Präsentiert werden können die Aufgaben in Form einer Lerntheke.
Die Schülerinnen und Schüler bearbeiten die Aufgaben in Einzelarbeit oder gemeinsam mit einem Partner. Um den Lernprozess der Kinder zu unterstützen, bietet es sich an, Darstellungs- und Veranschaulichungsmittel zu benutzen. Jedes Kind sollte eine Geldkassette mit Rechengeld erhalten, um Geldbeträge zu legen. Die Lehrperson sollte zur Veranschaulichung über Rechengeld als Demonstrationsmaterial verfügen.

Leistungen messen

Um die Leistungen der Kinder am Ende der Unterrichtsreihe beurteilen zu können, bietet es sich an, die Standortbestimmung nochmals mit den Kindern durchzuführen. Dies ist möglich, da die Ergebnisse der Diagnostik, das heißt richtige und falsche Lösungen nicht mit den Schülerinnen und Schülern besprochen werden und einige Zeit zwischen der Standortbestimmung und der Leistungsüberprüfung am Ende der Unterrichtsreihe vergangen ist.

Das Rätselheft zum Euro

Name:

Wie viel Taschengeld bekommst du?

1. Wie heißen die Münzen?

2. Wie heißen die Scheine?

3. Was ist mehr wert?
   Schreibe <, >, =.

4. Schätze, wie viel Euro es kostet.

5. Nenne Dinge, die so teuer sind.

1 €

10 €

50 €

100 €

6. Zeichne die Geldstücke und Scheine.

1 €

2 €

5 €

10 €

7. Ordne von wenig bis am meisten wert. Nutze Zahlen von 1–7.

8. Wechsele in Münzen um. Male die Münzen.

=

9. Wechsele in Scheine um. Male die Scheine.

+

=

10. Wie viel Euro sind es zusammen?

+

= ______________________

+

= ______________________

11. Wie viel Euro bekommst du zurück?

Der Ball kostet 5 Euro.

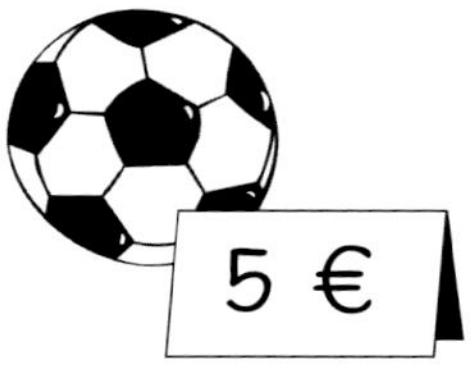

5 €

Du gibst dem Verkäufer 10 Euro.

Soviel bekommst du zurück:

____

Eingangsdiagnostik zum Größenbereich Geld

Name / Kompetenz	Kennt die Summe seines Taschengeldes	Kann die Euromünzen mit Maßzahl und -einheit bestimmen	Kann die Euroscheine mit Maßzahl und -einheit bestimmen	Kann Geldbeträge direkt miteinander vergleichen	Kann Werte von Sachgegenständen adäquat schätzen	Kann zu Geldbeträgen Gegenstände des entsprechenden Wertes bestimmen	Kann zu einem symbolisch notierten Geldbetrag den entsprechenden Euroschein/die Euromünze zeichnen	Kann Euroscheine und -münzen nach dem Wert ordnen	Kann einen Euroschein in Münzen wechseln	Kann Euromünzen in einen Geldschein wechseln	Kann Euromünzen/-scheine addieren	Kann Subtraktionsaufgaben zum Euro lösen

Legende: 1: wenig Förderbedarf; 2: Förderbedarf; 3: hoher Förderbedarf

Der Geldstrauß

Toms Mama hat Geburtstag. Sie bekommt von allen Gästen ein gemeinsames Geschenk. An eine Blume sind viele Geldscheine gebunden. Tom überlegt, wie die Scheine heißen. Könnt ihr helfen?

Toms Sparschwein

Tom spielt mit seinen Freunden Ahmet und Mila. Plötzlich geht der Ball kaputt, mit dem sie gespielt haben. So ein Mist! Tom holt sein Sparschwein. Sind da viele Münzen drin! Die Kinder überlegen, wie die Münzen heißen und wie viele sie für einen neuen Ball brauchen. Könnt ihr helfen?

Wer hat das meiste Geld?

Tom hat Geburtstag gehabt. Er hat zum Geburtstag zwei 50 Cent Stücke und 1 Euro von seiner Oma bekommen. Zur Geburtstagsfeier kommen Mila und Ahmet. Die beiden Kinder haben auch von ihrer Oma Geld bekommen. Ahmet hat zwei 1 Euro Stücke bekommen. Mila ein 2 Euro Stück. Sie dürfen sich damit etwas kaufen. Die Kinder überlegen. Wer hat das meiste Geld? Könnt ihr helfen?

Ein Besuch beim Kiosk

Ahmet, Mila und Tom spielen im Garten. Spielen macht hungrig. Die Kinder wollen beim Kiosk eine gemischte Tüte Süßigkeiten kaufen. Zusammen haben sie 90 Cent. Sie schauen sich die Preise an. Was können die Kinder alles kaufen? Helft ihnen!

5

Auf dem Trödelmarkt

Tom ist mit seinen Eltern auf dem Trödelmarkt. Hier gibt es viel zu sehen. Die Familie kommt zu einem Spielzeugstand. Tom darf sich ein Puzzle für 3 Euro kaufen. Er soll es selbst bezahlen. Tom weiß nicht, welche Geldstücke er nehmen soll. Kannst du ihm helfen?

⑥

Milas Kaufladen

Mila hat Langeweile! Es regnet draußen. Was soll sie nur spielen? Ihr fällt der Kaufladen ein. Schnell ruft sie Tom und Ahmet an, damit sie mit ihr Einkaufen und Verkaufen spielen. Die beiden freuen sich und kommen sofort. Das Spiel geht los. Ahmet kauft eine Tafel Schokolade für 1 Euro und ein Spiel für 2 Euro. Wie viel Geld muss er bezahlen und welche Geldstücke kann er hingeben? Könnt ihr helfen?

7

Der Erdbeerkuchenstand

Ahmet, Tom und Mila haben Sommerferien. Sie haben eine Idee: Die Kinder möchten Erdbeerkuchen mit Erdbeeren aus Toms Garten am Straßenrand verkaufen.
Sie backen mit Toms Mama den Kuchen. Sie schneiden ihn in Stücke und stellen ihn auf einen kleinen Tisch an den Straßenrand. Sie malen ein Schild für den Stand auf dem steht: Erdbeerkuchen – 1 Stück für 1 Euro! Die Kinder haben auch eine Kasse mit Wechselgeld. Frau Meier kauft ein Stück Kuchen. Sie gibt ihnen einen 5 Euro Schein.
Wie viel bekommt sie zurück? Könnt ihr helfen?

Schneide die Dominokarten an den gestrichelten Linien aus.

Spiele mit einem Partner Domino.

Start	50 EURO	50 €	20 EURO
20 €	10 EURO	10 €	100 EURO
100 €	200 EURO	200 €	500 EURO
500 €	5 EURO	5 €	10 EURO
10 €	50 EURO	50 €	20 EURO
20 €	100 EURO	100 €	200 EURO
200 €	500 EURO	500 €	5 EURO
5 €	**Ende**		

Name: 

 Schreibe die Beträge der Euroscheine in die Kästchen.

 Verbinde dann den Euroschein mit dem passenden Geldbetrag.

 Male die Scheine richtig an.

____ €	____ €	____ €	____ €	____ €	____ €	____ €

Name:

Male die Scheine richtig an.

Schreibe den Geldbetrag unter jeden Schein.
Benutze das Euro-Zeichen als Abkürzung: €

Hier kannst du es üben: ______________________________

____

____

____

____

____

____

____

Name:

 Schneide die Memorykarten aus.

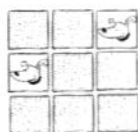 Spiele mit einem Partner Memory.

	5 €	10 €
20 €	50 €	100 €
200 €	500 €	

Name:

Schneide die Dominokarten an den gestrichelten Linien aus.

Spiele mit einem Partner Domino.

Start

Ende

Name:

Verbinde jeden Euroschein mit dem passenden Geldbetrag.

10 €	500 €	5 €	200 €	50 €	100 €	20 €

Claudia Rosenkranz: Einfache Mathe-Geschichten: Geld

Name:

 Male die Scheine richtig an.

 Schreibe den Geldbetrag unter jeden Schein.

Name:

 Schneide die Memorykarten aus.

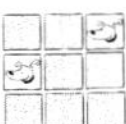 Spiele mit einem Partner Memory.

Name:

 Schneide die Dominokarten an den gestrichelten Linien aus.

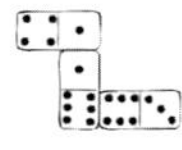 Spiele mit einem Partner Domino.

Start

Ende

Name:

Verbinde jeden Euroschein mit dem passenden Geldbetrag.

10 €

200 €

100 €

500 €

5 €

20 €

Name:

Male die Geldscheine richtig an.

Name:

Schneide die Memorykarten aus.

Spiele mit einem Partner Memory.

Name:

Lege eine Münze unter dieses Blatt Papier.

 Rubbele mit einem Bleistift über das Papier. Was passiert?

 Zeichne die Münze auch ab.

 Schreibe unter die Münzen, wie viel Euro es sind.

Wiederhole die Übung mit weiteren Münzen.

______________________	______________________
______________________	______________________
______________________	______________________
______________________	______________________

Name:

 Schreibe die Geldbeträge der Münzen in die Kästen.

 Verbinde dann die Münzen mit dem passenden Geldbetrag.

 Male die Münzen richtig an.

_____ ct	_____ ct	_____ ct	_____ ct	_____ ct	_____ ct	_____ €	_____ €

Name:

Male die Münzen richtig an.

Schreibe dazu, wie viel Euro oder Cent es sind. Benutze die Abkürzung für Euro: € und für Cent: ct.

Name:

 Schneide die Memorykarten aus.

 Spiele mit einem Partner Memory.

1 Cent	2 Cent	5 Cent	10 Cent
50 Cent	1 Euro	2 Euro	20 Cent

Name:

Lege eine Münze unter dieses Blatt Papier.

 Rubbele mit einem Bleistift über das Papier. Was passiert?

 Schreibe unter die Münzen, wie viel Euro es sind.

Wiederhole die Übung mit weiteren Münzen.

__________	__________
__________	__________
__________	__________
__________	__________

Name:

Verbinde die Münzen mit dem passenden Geldbetrag.

1 ct	2 ct	5 ct	10 ct	20 ct	50 ct	1 €	2 €

Name:

 Male die Münzen richtig an.

 Schreibe dazu, wie viel Euro oder Cent es sind.

Name:

 Schneide die Memorykarten aus.

 Spiele mit einem Partner Memory.

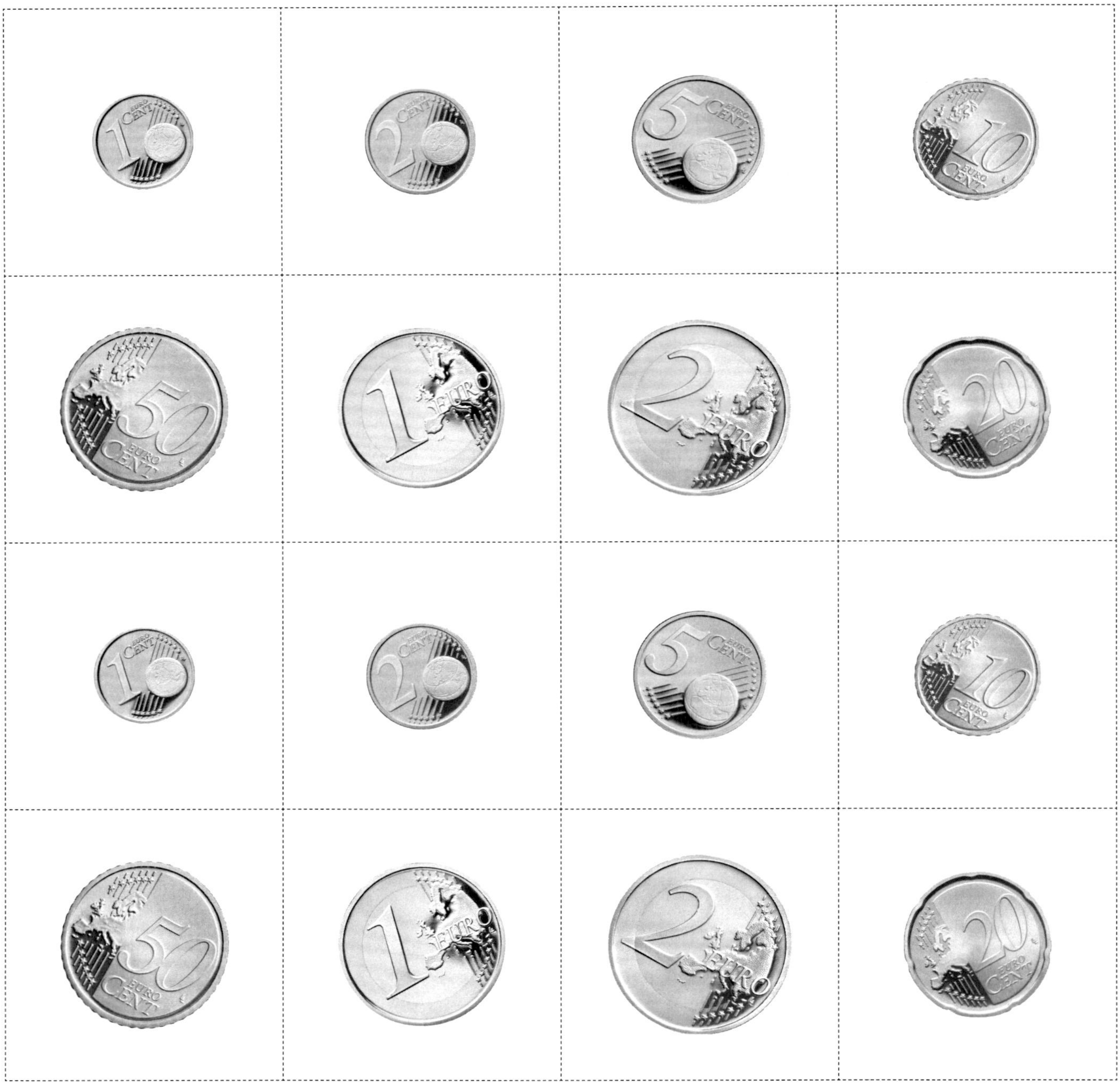

Name:

Lege eine Münze unter dieses Blatt Papier.

Rubbele mit einem Bleistift über das Papier. Was passiert?

Wiederhole die Übung mit weiteren Münzen.

Name:

Verbinde die Münzen mit dem passenden Geldbetrag.

1 Cent

2 Euro

10 Cent

5 Cent

2 Cent

50 Cent

20 Cent

1 Euro

Name:

Male die Münzen richtig an.

Name:

 Schneide die Memorykarten aus.

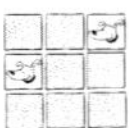 Spiele mit einem Partner Memory.

Name:

Auf welcher Seite liegt mehr Geld?

Vergleiche und setze das richtige Zeichen ein: <, >, =.

 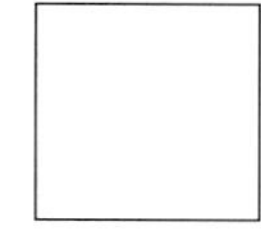 

 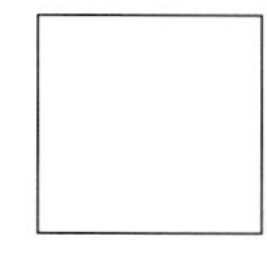 

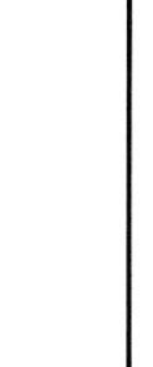

  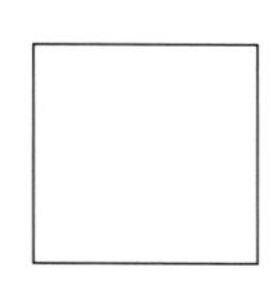 

Name:

Auf welcher Seite liegt mehr Geld?

Vergleiche und setze das richtige Zeichen ein: <, >, =.

Name:

Auf welcher Seite liegt mehr Geld?

Vergleiche und setze das richtige Zeichen ein: ⊏<⊐, ⊏>⊐, ⊏=⊐.

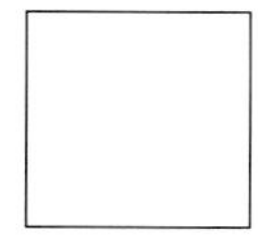

Name:

Partnerübung:

 Schneidet die Karten aus.

Wähle immer zwei Münzen oder Scheine aus. Zeige sie deinem Partner. Dein Partner soll sagen, welche Münze/welcher Schein mehr wert ist.

Name:

Auf welcher Seite liegt mehr Geld?

 Vergleiche und setze das richtige Zeichen ein: <, >, =.

 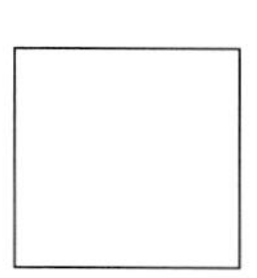 

Name:

Auf welcher Seite liegt mehr Geld?

Vergleiche und setze das richtige Zeichen ein: <, >, =.

Name:

Auf welcher Seite liegt mehr Geld?

Vergleiche und setze das richtige Zeichen ein: ⊠<, ⊠>, ⊠=.

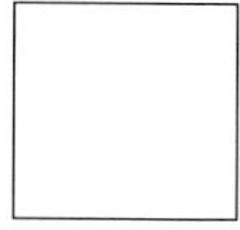

Name:

Partnerübung: Schneidet die Karten aus. Wähle immer zwei Münzen oder Scheine aus. Zeige sie deinem Partner. Dein Partner soll sagen, welche Münze/welcher Schein mehr wert ist.

Name:

Auf welcher Seite liegt mehr Geld? Kreise die richtige Münze ein.

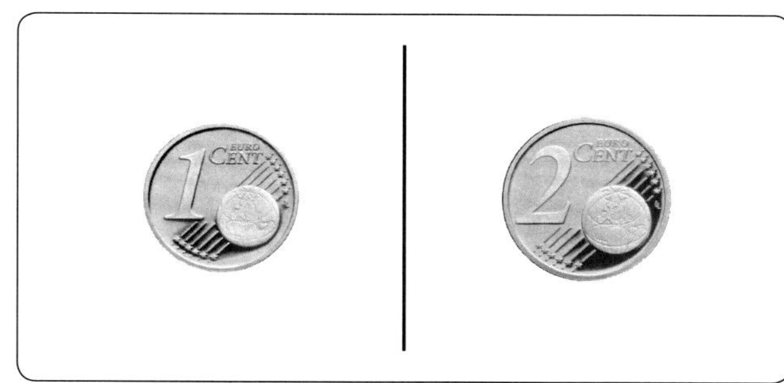

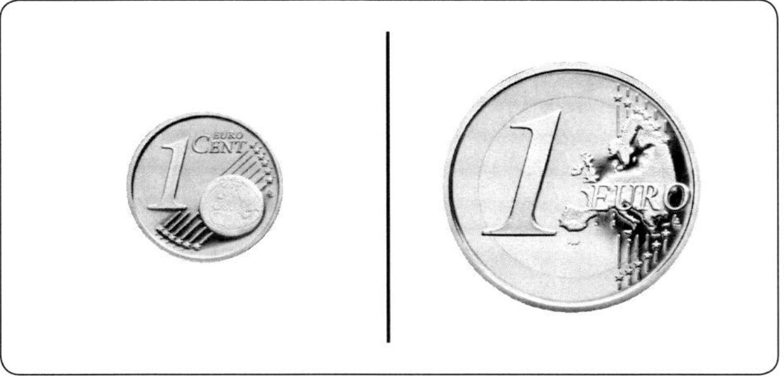

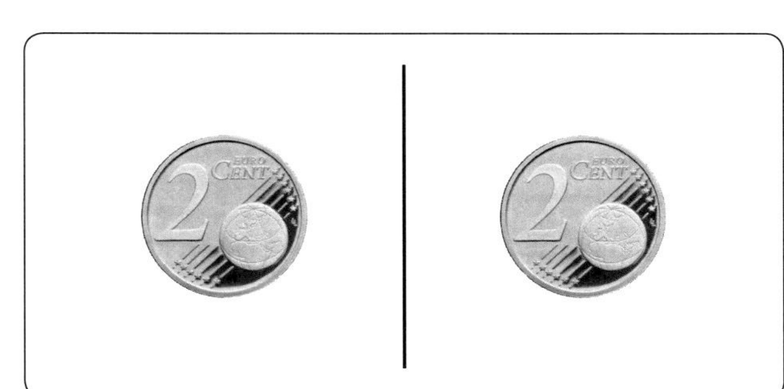

Name:

 Auf welcher Seite liegt mehr Geld? Kreise den richtigen Schein ein.

Name:

 Auf welcher Seite liegt mehr Geld? Kreise den richtigen Schein oder die Münze ein.

Name:

Partnerübung: Schneidet die Karten aus. Wähle immer zwei Münzen oder Scheine aus. Zeige sie deinem Partner. Dein Partner soll sagen, welche Münze/welcher Schein mehr wert ist.

Name:   

 Schneide die Süßigkeiten an der gestrichelten Linie aus.

 Male sie an.

 Überlege dir zusammen mit einem Partner Preise für die Süßigkeiten. Trage die Preise in die Preistafel ein.

Spiele nun mit deinem Partner. Ein Kind ist der Käufer und kauft jeweils eine oder mehrere Süßigkeiten am Kiosk. Bezahle mit Spielgeld. Das zweite Kind ist Verkäufer und zählt, ob das Geld stimmt. Wechselt die Rollen.

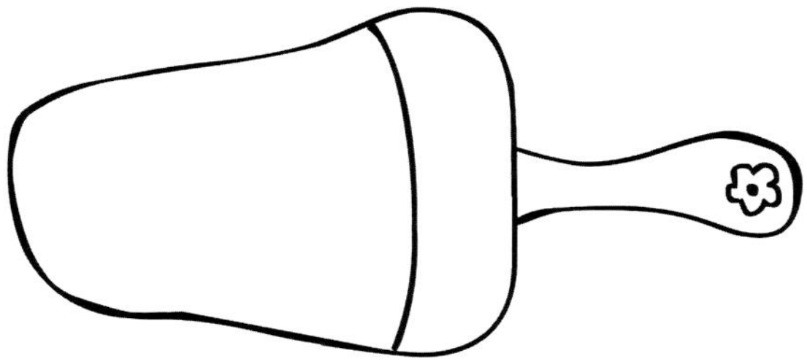

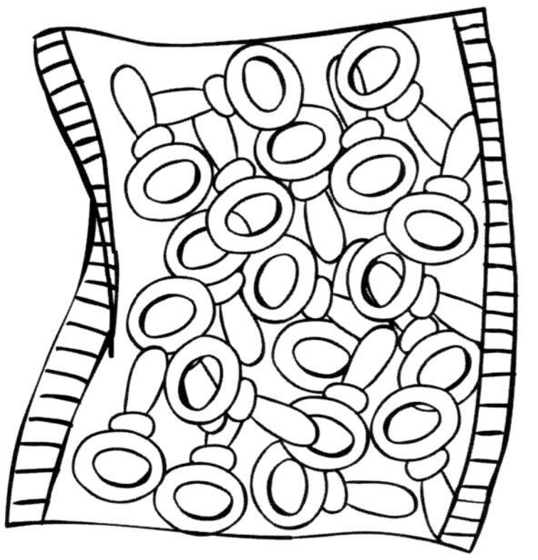

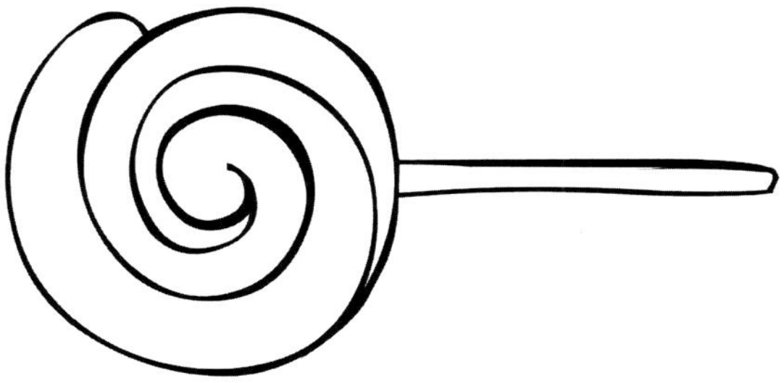

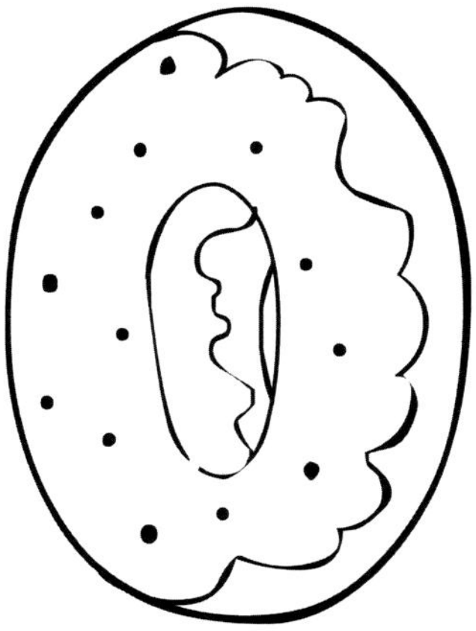

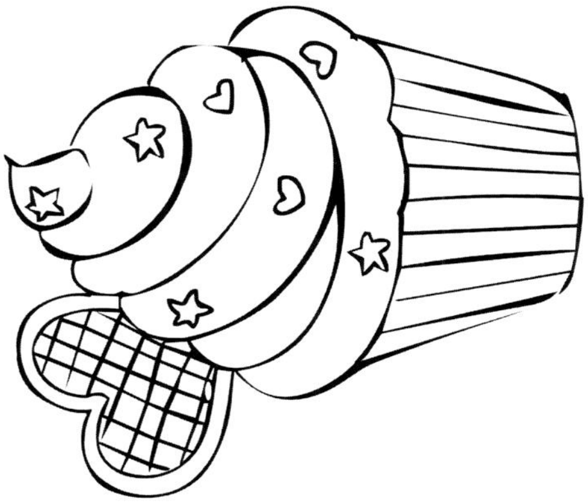

Name:

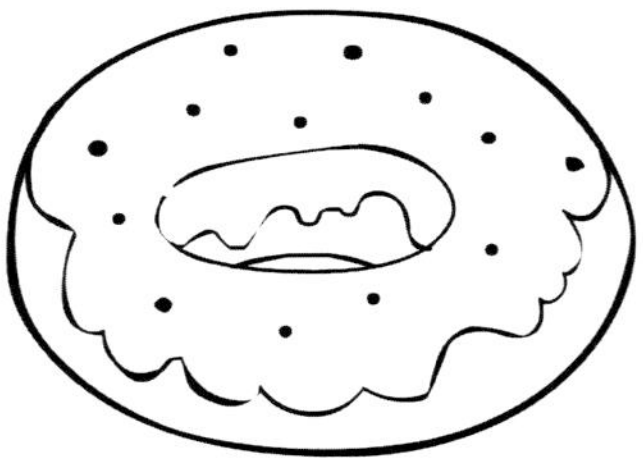

Preis:

Preis:

Preis:

Preis:

Preis:

Preis:

Name:

Lege mit dem Spielgeld. Benutze so wenige Münzen wie möglich.

Zeichne dann die Münzen.

30 Cent	
60 Cent	
90 Cent	
20 Cent	
40 Cent	
50 Cent	
70 Cent	

Name:

 Wie viel Cent sind es zusammen? Schreibe auf.

Name:

Lege mit dem Spielgeld. Finde zwei Möglichkeiten, die Beträge zu legen.

Zeichne eine Möglichkeit.

6 ct =	
10 ct =	
15 ct =	
20 ct =	
25 ct =	
30 ct =	
35 ct =	
40 ct =	

Name:

Lege mit dem Spielgeld. Benutze so wenige Münzen wie möglich.

Zeichne dann die Münzen.

3 Cent	
4 Cent	
6 Cent	
8 Cent	
12 Cent	
15 Cent	
22 Cent	

Name:

Wie viel Cent sind es? Schreibe auf.

Name:

Lege mit dem Spielgeld. Finde zwei Möglichkeiten, die Beträge zu legen.

Zeichne eine Möglichkeit.

15 ct =	

6 ct =	

4 ct =	

10 ct =	

25 ct =	

Name:

Lege mit Spielgeld.

Zeichne dann die Münzen.

2 Cent	
10 Cent	
8 Cent	
3 Cent	
4 Cent	
6 Cent	

Name:

 Wie viel Cent sind es? Schreibe das Ergebnis auf.

 Male das Geld richtig an.

Name:

Lege mit dem Spielgeld. Finde zwei Möglichkeiten, die Beträge zu legen.

Zeichne eine Möglichkeit.

2 ct =	
3 ct =	
4 ct =	
5 ct =	
6 ct =	

Name:

 Schneide die Spielzeuge aus.

 Male sie an.

 Überlege dir zusammen mit einem Partner Preise für die Spielzeuge. Trage die Preise in die Preistafel ein.

Spielt Käufer und Verkäufer auf dem Trödelmarkt. Du kaufst am Stand ein oder mehrere Spielzeuge und bezahlst mit Spielgeld. Dein Partner ist der Verkäufer und zählt, ob das Geld stimmt. Wechselt die Rollen.

Name:

Preis:

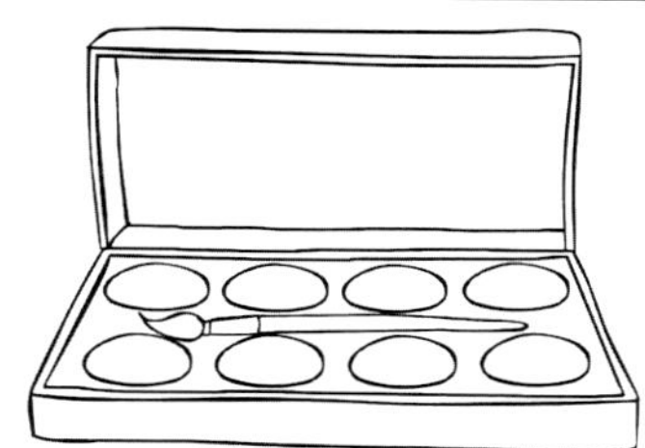

Preis:

Preis:

Preis:

Preis:

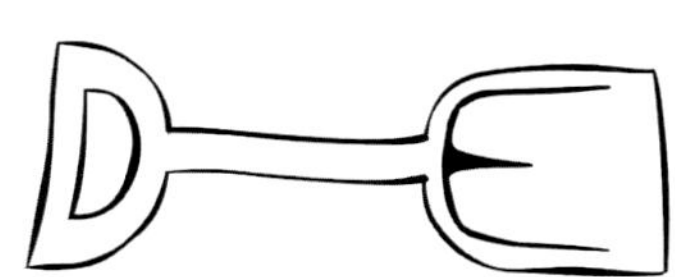

Preis:

Preis:

Preis:

Name:

Lege mit dem Spielgeld. Benutze so wenig Scheine und Münzen wie möglich.

Schreibe deine Rechnung auf.

12 €	
24 €	
7 €	
56 €	
105 €	
25 €	
70 €	
95 €	

Name:

Wie viel Euro sind in der Geldbörse?

Lege den Betrag mit anderen Münzen oder Scheinen.

Schreibe die Rechnung auf.

Name:

Lege mit dem Spielgeld. Benutze so wenig Scheine und Münzen wie möglich.

Schreibe deine Rechnung auf.

13 €	
7 €	
3 €	
15 €	
4 €	
25 €	
12 €	

Name:

Wie viel Euro sind es?

Lege den Betrag mit anderen Münzen oder Scheinen.

Schreibe deine Rechnung auf.

Name:

Lege mit dem Spielgeld. Benutze so wenig Scheine und Münzen wie möglich.

Schreibe deine Rechnung auf.

7 €	
3 €	
2 €	
10 €	
6 €	
4 €	

Name:

Wie viel Euro sind es?

Lege den Betrag mit anderen Münzen oder Scheinen.

Schreibe deine Rechnung auf.

Name:

Partnerarbeit: Sucht euch mehrere Gegenstände aus eurem Klassenraum aus. Denkt euch selbst Preise für die einzelnen Gegenstände aus.

 Schneidet die Preistafel aus.

 Tragt die Namen der Gegenstände ein.

 Tragt die Preise in die Preistafel ein.

Du kaufst immer mehrere Gegenstände und bezahlst mit Spielgeld. Dein Partner ist der Verkäufer und zählt, ob das Geld stimmt. Vielleicht muss er dir auch Geld zurückgeben. Wechselt die Rollen.

Preis: ______	Preis: ______
Preis: ______	Preis: ______

Name:

 Lege die Aufgabe mit deinem Spielgeld.

 Rechne das richtige Ergebnis aus.

 Zeichne in den Kasten, was man für den Geldbetrag kaufen kann.

20 + 10 = ____________

5 + 2 + 5 = ____________

100 + 10 + 2 = ____________

20 + 20 + 2 = ____________

50 + 1 + 20 = ____________

Name:

 Lege die Aufgaben mit Spielgeld.

 Zeichne die Münzen und die Scheine in den großen Kasten.

 Rechne die Aufgabe.

10 € + 20 € =

20 € + 5 € =

10 € + 15 € =

100 € – 50 € =

50 € – 20 € =

200 € – 100 € =

Name:

Lege die Aufgabe mit deinem Spielgeld.

Rechne das richtige Ergebnis aus.

Zeichne in den Kasten, was man für den Geldbetrag kaufen kann.

+ = ______

+ = ______

+ = ______

+ + = ______

+ + = ______

Name:

 Lege die Aufgaben mit Spielgeld.

 Zeichne die Münzen und die Scheine in den großen Kasten.

 Rechne die Aufgabe.

10 € + 2 € =

2 € + 5 € =

5 € – 2 € =

20 € – 10 € =

20 € – 2 € =

Name:

 Lege die Aufgabe mit deinem Spielgeld.

 Rechne das richtige Ergebnis aus.

 Zeichne in den Kasten, was man für den Geldbetrag kaufen kann.

5 + 5 = ____________

5 + 2 = ____________

5 + 1 = ____________

10 + 10 = ____________

5 + 5 + 2 = ____________

Name:

Lege die Aufgaben mit Spielgeld.

Zeichne die Scheine und Münzen in den großen Kasten.

Rechne die Aufgabe.

1 € + 2 € =

2 € + 5 € =

10 € – 5 € =

5 € – 2 € =

Name:

Rezept für ein Blech Erdbeerkuchen
(ca. 20 Stücke)

Zutaten

6 Eier
200 g Butter
200 g Zucker
2 Päckchen Vanillezucker
1 Prise Salz
400 g Mehl
2 Teelöffel Backpulver
8 Esslöffel Milch
2 kg Erdbeeren
3 Päckchen Tortenguss
6 Esslöffel Zucker

Zubereitung

1. Eier schaumig rühren, Butter hinzufügen und alles verrühren. Zucker, Vanillezucker und Salz hinzufügen und verrühren. Mehl mit Backpulver mischen, hinzufügen und verrühren. Milch hinzufügen und verrühren.
2. Den Teig auf ein gefettetes Backblech geben und 25 Minuten bei 180° (Ober- und Unterhitze) backen.
3. Erdbeeren waschen, halbieren und auf den ausgekühlten Teig legen.
4. Tortenguss nach Packungsanleitung zubereiten und über den Erdbeerkuchen geben.

Name:

Checkliste für den Erdbeerkuchenstand

- [ ] Geldkassette mit Wechselgeld
- [ ] Ein bis zwei Bleche geschnittenen Erdbeerkuchen
- [ ] Tortenheber
- [ ] Pappteller und Plastikgabeln
- [ ] Werbeplakate zum Aufhängen in der Schule (z. B. Heute Erdbeerkuchenverkauf vor der Klasse 2! 1 Stück = 1 €)
- [ ] Tische für den Erdbeerkuchenstand
- [ ] Preistafel für den Erdbeerkuchenstand (z. B. 1 Stück = 1 €)

Quellenverzeichnis

Bildnachweise

5 Euroschein © ProMotion – Fotolia.com

10 Euroschein © ProMotion – Fotolia.com

20 Euroschein © ProMotion – Fotolia.com

50 Euroschein © ProMotion – Fotolia.com

100 Euroschein © ProMotion – Fotolia.com

200 Euroschein © ProMotion – Fotolia.com

500 Euroschein © ProMotion – Fotolia.com

Euromünzen © janvier – Fotolia.com

Literaturverzeichnis

Hengartner, E. (1999): Mit Kindern lernen. Standorte und Denkwege im Mathematikunterricht. Zug: Klett und Balmer Verlag.

Ministerium für Schule und Weiterbildung des Landes Nordrhein-Westfalen (2008): Richtlinien und Lehrpläne für die Grundschule in Nordrhein Westfalen. Mathematik. Frechen: Ritterbach Verlag.

Nührenbörger, M. (2005): Das Vorwissen von Kindern zum Umgang mit Längen. In: Grundschule Mathematik. H. 5, S. 18–23.

Radatz, H. et. al. (1999): Handbuch für den Mathematikunterricht. 3. Schuljahr. Hannover: Schroedel.